Beschreibung
eines äusserst
merkwürdigen Huhns
mit
menschenähnlichem Profil.

Vom

Dr. Heinrich von Martius,
practischem Arzte in Berlin.

Mit einem Kupfer.

(*Besonders abgedruckt aus v. Gräfe's und v. Walther's Journal f. Chir. und Augenheilkunde Band XIII. Stück 2.*)

Berlin, 1829.
Im Verlage bei G. Reimer.

Es sind zwar bereits dreizehn Jahre verflossen, dass der Kaiserlich Russische Staatsrath und Präsident der medico-chirurgischen Akademie zu Moskau, Herr Professor Dr. *Fischer*, die Beschreibung eines in jeder Hinsicht beinahe einzigen, äusserst merkwürdigen Huhns, mit menschenähnlichem Profil, dem Publikum übergeben *). Indessen genannte Schrift ist, Naturforscher vom Fache ausgenommen, nur sehr Wenigen bekannt geworden, weil selbige nicht eigentlich in den deutschen Buchhandel gekommen.

Bei Gelegenheit der diesjährigen Versammlung der Naturforscher Deutschlands und der angrenzenden Länder in Berlin war der Gegenstand beinahe Allen, selbst den ersten Aerzten Europens, mit denen ich über dieses Phänomen sprach, durchaus unbekannt, und ich bin so lange und so vielseitig von

---

*) *Opisanie kurizu imejuschtschei w' profile figuru tscheloweka. Moskwa* 1815. d. h. Beschreibung eines Huhns mit menschenähnlichem Profil. Moskau. 1815. 8.

Freunden der Naturgeschichte angegangen worden, diese interessante Missbildung in Deutschland bekannter zu machen, dass ich, ohne den Schein der Ungefälligkeit auf mich zu werfen, nicht länger anstehen konnte, dem Wunsche meiner Freunde und Bekannten Folge zu leisten, und eine kurze Skizze derselben in vorliegenden Blättern niederzulegen. Ich trage um so weniger Bedenken, mit einem nicht mehr neuen Gegenstande hier abermals aufzutreten, da in den öffentlichen Versammlungen der Naturforscher im September v. J. über Dinge weitläuftige Vorlesungen gehalten wurden, die vor sieben und dreissig Jahren sich zugetragen haben. Doch zur Sache.

Es war in der Mitte des Septembers 1815 als ich nach dreijähriger Abwesenheit von Moskau, binnen welcher Zeit ich als Arzt Sr. Erlaucht des Grafen *Alexei Kyrilowitsch Rasumowsky* auf dessen in den Statthalterschaften Pensa und Saratow gelegenen Gütern gelebt, in diese aus der Asche wieder neu erstehende alte Zarenstadt zurückkehrte, und meinen innigst verehrten Lehrer, Freund und Landsmann, den Herrn Staatsräth *Fischer*, dort aufsuchte.

In seiner Behausung fand ich, zu meiner nicht geringen Ueberraschung, jenes merkwürdige Huhn, welches zu sehen Tausende von nahe und fern herzuströmten. Denn in der That hat wohl schwerlich ein Huhn je so allgemeines Interesse erregt, selten ein exotisches Erzeugniss die Neugierde des Publikums in so hohem Grade erweckt, als dieses mit wahrhaft menschenähnlichem Profil geborne Huhn.

Zugleich mit einer ansehnlichen Hecke gewöhnlicher Hühnchen war solches im Frühjahre 1815 auf einem Dorfe im Belewskschen Districte des Gouvernements von Tula von einer alten Gluckhenne ausgebrütet worden. Sehr bald wurde die dortige Umgegend meilenweit von der unerhörten Neuigkeit erfüllt, dass ein Hühnchen mit Menschenkopfe geboren sei. Endlich verbreitete die tausendzüngige Fama die Geschichte des Tages, durch erdichtete Zusätze zum Unglaublichen vergrössert, bis in die 120 Werste entfernte Gouvernementsstadt Tula. Der dasige Civilgouverneur und wirkliche geheime Rath, Ritter *Nikolai Iwanowitsch Bagdanow*, ein Mann von Geist und Geschmack, liess das merkwürdige Thier seiner Besitzerin im August gedachten Jahres um einen ansehnlichen Preis abkaufen, und machte mit ihm der Universität zu Moskau ein höchst erfreuliches Geschenk.

Ich hatte damals Gelegenheit, während einer fünfwöchentlichen Anwesenheit in Moskau, dasselbe beinahe täglich zu beobachten. Das Huhn selbst war von mittlerer Grösse, nämlich acht Zoll hoch und vierzehn Zoll lang. Seine Federn waren von perlgrauer Farbe, hie und da, besonders an den Spitzen, in das Bräunliche schillernd. Der äussere Habitus war völlig der einer gewöhnlichen Henne, der es auch im Gange, der Bewegung, kurz in aller Hinsicht glich. Nur allein der Kopf wich gänzlich von andern seines Gleichen ab, und hatte durchaus, besonders im Profil, das Ansehen eines alten zahnlosen Weibes. Der Schnabel mangelte gänzlich, die Kinnladen waren bedeutend kürzer und endigten sich an der Stelle, wo in der Regel bei andern Haushühnern die Nasenlöcher sich befinden. Beide Maxillen waren mit Fleisch bedeckt und sahen völlig wie Lippen aus. Der Kamm hatte ein ganz anderes Ansehn, als bei andern Hühnern, und bildete bei unserem eine

Art von Nase, welche um so mehr einer menschlichen ähnelte, da die Nasenlöcher unter dieser Nase sich zu öffnen schienen. Drängte sich nun zuweilen ein Tropfen wässerichte Flüssigkeit aus derselben, oder setzte sich ein wenig erdiger Schmutz darin fest, so war die Täuschung um so grösser. Der Unterkiefer aber hatte einen fleischigen Anhang, den man bei gewöhnlichen Hühnern nicht findet, und welcher hier eine Art von Kinn bildete. Dieses Kinn war beinahe völlig nackt, und nur mit einigen wenigen einzeln stehenden Barthaaren besetzt. Es verlängerte sich in einer nackten Haut bis nach dem Ohre hin. Bekanntlich ist diese Verlängerung der Kieferanhänge allen andern Hühnern eigenthümlich. Die Augen waren gross, rund, schwarz und mit einer zinnoberrothen Iris umgeben. Die Parthie unterhalb der Augen, die Wangen, erschienen matt, fleischfarben, hie und da in das Bläulichte spielend. Sie waren, eben so wie das Kinn, nur mit einigen borstenartigen Federn besetzt, die besonders gegen das Ohr hin einen wahren Backenbart bildeten, welcher letztere die runde Oeffnung des Gehörloches verdeckte.

Alle diese Umstände zusammen genommen, besonders wenn man sich die oberen Kopffedern wegdenkt, welche sich in Form eines Federbusches erheben, geben dem Profil des Huhnes eine ganz ungemeine Aehnlichkeit mit dem eines alten Weibes, und diese Aehnlichkeit wird um so frappanter, je länger und ruhiger man das Profil betrachtet, besonders in dem Momente, wann das Thier kauet.

Diese innormale Bildung erschwerte aber dem Huhne die Möglichkeit einer bequemen naturgemässen Ernährung. Denn weil ihm der Schnabel mangelte oder doch wenigstens nur in einem Anfange der Kinnladen vorhanden war, so konnte dasselbe nur mit ungemeiner Mühe fressen; Körner vom Boden aufzulesen, war ihm geradezu unmöglich. Ferner verursachte die Nähe der Nasenlöcher, dass das Huhn gar nicht trinken konnte. Man war daher genöthigt, es mit Brod zu nähren, welches in Wasser oder Milch eingetaucht oder geweicht war. Weizenbrod und Milch schienen ihm der liebste Genuss zu sein. Hanfkörner, ihm in der hohlen Hand gereicht, verschluckte es mit ganz besonderer Gier. Doch liebte es aber auch, eben so wie andere Hühner, gehacktes Fleisch, Eiweiss, Quark, u. dgl.

Das fragliche Huhn war überaus zahm, wie dies der Fall bei allen Vögeln ist, denen der Schnabel, sei es nun durch Zufall oder mit Vorsatz, verstümmelt worden. Am liebsten frass dasselbe aus der Hand, weil die weichen fleischigen Theile am Munde, der Kamm, das Kinn, ja selbst der Ueberzug der Maxillen, sehr bald ermüdeten, sobald das Huhn seine Nahrung auf harten Gegenständen picken oder schnäbeln sollte.

„Während der Zeit," referirt der Herr Staatsrath Dr. *Fischer*, „in welcher ich das Huhn Tage lang in meinem Zimmer hatte und es mit meiner Hand ernährte, kannte mich dasselbe sehr gut, und näherte sich dem Platze des Tisches während der Essenszeit oder dem Theetrinken, den ich einnahm, und verlangte Etwas mit einem besonderen Laute. Die Stimme desselben ist schwach, jedoch der anderer Hühner ähnlich. Oefters, besonders wenn es allein sich glaubt, lässt es Töne hören, die mit denen Aehnlichkeit haben, welche die Hühner beim Eierlegen ausstossen. Obschon der Schnabel ihm mangelt, so macht es doch, nach geendigter Mahlzeit, die gewöhnliche Bewegung des Kopfes, um beide Seiten des Kieferrandes an harten Körpern, z. B. auf den

Tische, den Stubendielen, u. a. m. abzureiben, und auf solche Weise denselben zu reinigen."

„Das Huhn," fährt der gelehrte Herr Verfasser fort, „scheint sich unter Menschen besser zu gefallen, als unter seines Gleichen. Bringt man ein anderes Huhn in das Zimmer und in seine Nähe, so fängt es an zu zittern, senkt die Flügel, blähet sich auf, sträubt die Federn und giebt ähnliche Töne von sich, wie die Hähne, welche sich zum Kampfe rüsten. In der Küche liegt es mit andern Hühnern im Streite und verjagt dieselben, nimmt aber sogleich die Flucht, sobald es einen Hahn erblickt.

In späterer Zeit schien das Huhn mehr Zutrauen zu dem Hahne zu fassen, und gab die gegründetste Hoffnung zu einer günstigen Annäherung.

Sobald man dasselbe in das Freie brachte, zeigte es sehr grosse Furchtsamkeit, und verbarg sich, besonders bei der Annäherung von Krähen oder Habichten, oder auch sonst bei dem allergeringsten Geräusche, im Grase. Sass es aber im Zimmer, auf dem Fenster, und nahm den Flug der Krähen wahr, so duckte es sich bei jeder Bewegung, die jene machten, und fing vor Furcht zu gähnen an.

Das Huhn veränderte eben seine Federn, als es nach Moskau gebracht wurde, es mauserte sich. Diese Katastrophe dauerte länger, als vier Monate, und ging folglich weit langsamer von statten, als bei andern Hühnern: ein Umstand, der auf Schwäche oder auf nicht genügende Ernährung hindeutet. Die Federn gewannen jedoch bei dieser ersten Mauserung, rücksichtlich der Dichtheit und des Glanzes; auch bildete sich der Federbusch auf dem Kopfe mehr aus. Die Füsse waren stark, die Schuppen daran ungefähr wie an einem zweijährigen Huhne gestaltet. An den Zehen fehlten einige Nägel; es war indessen nicht auszumitteln, ob das Huhn ohne dieselben geboren ist, oder ob es solche durch Kampf oder Frost eingebüsst hatte. Namentlich mangelte ihm ein Nagel am rechten und zwei am linken Fusse.

Isolirt vom übrigen Körper erscheint der Kopf dieses merkwürdigen Huhns um so mehr dem menschlichen Antlitz ähnlich. Es ist derselbe von dem geschickten Universitätszeichner Herrn *Valeri*, welcher mehrere andere vortreffliche Arbeiten geliefert hat, in drei verschiedenen Ansichten, zuerst von vorne, sodann von der Seite, endlich aber auch in dem Momente, wo es gähnt, nach der Natur gezeichnet, von dem Universitätskupferstecher, Herrn *Florow*, dessen Meisterhand die Annalen der Kaiserlichen naturforschenden Gesellschaft zu Moskau eine Sammlung von Prachtwerken verdanken, in Kupfer gestochen worden; wie solches die verehrten Leser aus der hier beigefügten Nachbildung Taf. III. Fig. 5. 6. 7. genauer ersehen werden.

Durch erkünstelte Missgeburten haben nichtswürdige Betrüger das Publikum wiederholt auf die schändlichste Weise hintergangen. Wir erwähnen hier vorzugsweise vor vielen andern nur das rasirte Schwein mit der Menschenhand in Erfurt; ingleichen den rasirten Bär in Göttingen. Jedoch bei diesem Huhne mit menschenähnlichem Antlitz fand schlechterdings auch nicht der allermindeste Betrug statt, sondern es war ein reines Spiel der Natur. Auch ist die Abbildung desselben auf das Allergetreueste dargestellt worden, es hat hierbei nicht die allergeringste Künstelei statt gefunden. Die frühere Eigenthümerinn des Huhns, auf deren Gehöfte das seltene Geschöpf zu Tage gefördert wurde, war eine schlichte Bäuerinn, zu einem Betruge dieser Art gänzlich unfähig. Auch lehrt ja der Augenschein, wenn man das Huhn mit Aufmerksamkeit betrachtet, dass keine Erkünstelung denkbar, sondern das Ganze einzig und allein Werk der Natur ist, welche hier und da einmal ihre ewig gleiche Bahn verlassend, gleichsam im Scherze, die sonderbarsten Formen schafft.

Wir wollen jetzt, schreibt der Herr Staatsrath *Fischer*, die wahre Natur des Profils dieses seltenen Huhns zergliedern, um uns zu überzeugen, dass ausser der menschenähnlichen Gesichtslinie, welche durch den Mangel des Schnabels entsteht, und die allerdings merkwürdig genug ist, nichts Widernatürliches in diesem Huhne zum Vorschein komme. Durch die Verkürzung der Kinnladen tritt der Kamm stärker hervor, und ist nach vorn, wahrscheinlich durch das mühevolle Picken und Aufstossen, um etwas Futter zu erhaschen, auffallend dicker und röther geworden, als gewöhnlich. Diese Röthe der Kämme, Bärte u. s. w. bei Thieren scheint eben so abzuwechseln, wie beim Menschen die Röthe der Wangen; denn man findet dieselben zuweilen dunkler, zuweilen blässer. Dieser dicke, nach oben traubenförmige Kamm hat sowohl von vorn, als von der Seite, das Ansehen einer menschlichen Nase. Auch finden sich die Nasenlöcher gerade unter derselben; allein sie gehen nicht nach oben, wie ihre Richtung bei der Nase des Menschen statt findet, sondern nach unten, d. h. durch den Oberkiefer, wie dies bei allen Vögeln der Fall ist. Bei unserem Huhne sind dieselben kleiner, als gewöhnlich, dabei auch ungleich. Das rechte Nasenloch scheint sogar geschlossen zu sein. Und da der Mund durch die Verkürzung der Kinnladen verkleinert worden, so hat sich derselbe nach unten in eine Art von Sack, der als Kinn erscheint, erweitert. Das Kinn dieses Huhns ist also nichts anders, als eine Erweiterung der nackten Haut, welche sich an der Kehle oder dem Unterkiefer aller

Hühner befindet, oder der Kehle selbst. Bei dem Schlucken des Thieres erweitert sich dieselbe auffallend: ein Beweis dessen, was so eben angeführt worden.

Dass dieses sonderbare Huhn wirklich so geboren und mit nichten bald nach seiner Geburt durch Zufall oder Kunstgriffe verstümmelt worden, ist aus nachfolgenden Gründen erweislich. Die Natur hat den Schnabel bei den Vögeln zwar einfach, aber so künstlich gebaut, seine hornartige Hülle so genau mit den Kinnladen verbunden, dass jener nicht abgerissen oder abgeschnitten werden könnte, ohne diese in der Mitte zu zerbrechen, einen Theil der Zunge mit zu verletzen und so den Tod des Thieres zu veranlassen.

Wir wollen jedoch, um dieser Wahrheit mehr Eingang zu verschaffen, für einen Augenblick eine künstliche Verkürzung des Schnabels als denkbar annehmen; was würde aber aus einer solchen Verstümmelung entstehen? Die Aeste beider Maxillen würden entblösst werden und für immer unvereinbar von einander abstehen. Man würde beide Kiefern, nämlich den rechten und den linken, nicht einmal durch Haut vereinigen können, weil in dem natürlichen Zustande keine vorhanden ist. Die Zunge würde bis an das Zungenbein verloren gehen, und sich entweder durch die stete zitternde Bewegung der Heilung entgegen setzen, oder im Falle der ruhigen Haltung sich an die Wunde des Unterkiefers anschliessen und mit ihm sich vernarben. Endlich würde das Thier vor Hunger sterben, ehe diese Heilung vor sich gehen können.

Wenn man aber auch die Möglichkeit einer so unwahrscheinlichen Heilung zugeben wollte, so würde man ganz bestimmt noch jetzt die Spuren davon, nämlich die Wundnarben, wahrnehmen. Allein alle diese Theile scheinen natürlich mit einander verbunden zu sein. Die Zunge ist kurz, fleischig und hat die Gestalt einer mässig gewölbten dreieckigen Schaufel. Am Gaumen befinden sich einige Furchen, die man jedoch nicht mit Zähnen vergleichen kann.

Man dürfte, nicht mit Unrecht, die Einwendung entgegen stellen, dass ein in seinem Eie ohne Schnabel gebildetes Hühnchen die kalkartige Hülle desselben nicht durchbohren, und also nicht aus demselben heraus schlüpfen könne. Hierauf aber lässt sich Folgendes erwiedern. Es ist zwar in der Natur begründet, dass das junge Küchlein öfters mit seinem kleinen Schnabel das Gefängniss durchbricht, worin es während seiner Entwickelung und Ausbildung eingeschlossen war. Allein weit öfter spaltet sich, in Folge des zunehmenden Umfanges und der Bewegung des Hühnchens, die Schaale des Eies, ihrer ganzen Länge nach, etwas, wozu überhaupt von innen nach aussen weit weniger Gewalt erfordert wird, als wenn man die Schaale desselben von aussen nach innen zerbrechen wollte. Denn sehr oft findet man ein Ei mit geborstener Schaale, während das Küchlein noch ganz von der innern Haut oder der Hülle, welche dasselbe mit der umgebenden Feuchtigkeit umfasst, eingeschlossen ist.

Die Erfahrung lehrt ferner, dass die alte Gluckhenne, in Fällen, wo es dem Küchelchen nicht möglich ist, sich durch eigene Kraft von der Hülle der Eierschaalenkruste zu befreien, mit ihrem Schnabel das junge Hühnchen beim Schnabel und Kopfe fasst, und selbiges aus seinem Gewahrsam herauszieht, bei welchem geburtshülflichen Actus die ungeübte Hebamme aber nicht selten so unsäuberlich verfährt, dass dem jungen Erdbürger der Schnabel zerbrochen, oder geradezu abgerissen wird. Dergleichen Küchlein aber sterben gewöhnlich an den Folgen der Operation, oder sie kommen später aus Hunger um, da sie sich des mangelnden oder defecten Schnabels halber hinlänglich zu nähren ausser Stande befinden. Und wollten wir selbst den Fall annehmen, dass unser Huhn jenes Accouchement forcé glücklich überstanden haben und am Leben geblieben sein sollte; so sehen wir doch aus dem Vorigen, dass bei demselben durchaus keine Verstümmelung stattgefunden, sondern das Huhn in demselben Zustande, wie wir es hier abgebildet erblicken, gebohren worden ist. Seine so natürliche Nase sammt Kinn müssten demnach das Resultat gelungener Rhinoplastik sein, welche jedoch damals (1814) an den Ufern des Don noch nicht bekannt war. Es lässt sich daher das alleinige Wirken der Muttel Natur bei gegenwärtigem Falle nicht wegdisputiren.

Sehr gewagt ist die Idee, welche sich mir damals aufdrang, als mir jenes wunderbare Huhn mit menschenähnlichem Profil zuerst zu Gesicht kam, und die ich durchaus für nichts weiter, als für eine kühne Hypothese ausgeben will, obschon sie nicht gänzlich ausser allem Bereiche der Möglichkeit liegt. Es übersandte nämlich damals der Schach von Persien dem Kaiser *Alexander* von Russland ein Geschenk von fünf Elephanten, ausgezeichneter Grösse, und zwölf kostbaren Pferden, der edelsten persischen Raçe. Jene Ambassade war zwei Jahre unter Weges und kam durch jene Gegend, welche der Geburtsort des wunderbaren Huhns. Nun ist es zur Genüge bekannt, dass die wollüstigen Orientalen, besonders die Perser, gar häufig mit Hühnern Sodomiterei treiben.

Wäre es daher wohl undenkbar, dass unter Millionen Fällen im gegenwärtigen der Bildungstrieb von der ewig gleichen Bahn abgewichen und eine ganz eigene Wendung genommen, so dass die Begattung von einem Viviparum mit einem Oviparum einigermassen wenigstens effectuell gewesen? Wem sind *Spallanzani's* und *Senebier's* höchst interessante Versuche und Beobachtungen über künstliche Befruchtung unbekannt? Ich selber bin wiederholt Augenzeuge gewesen, dass Katzen in der Brunstzeit Entriche zur Begattung reizten. Vermischungen vom Pferde und Esel, Ziege und Schaafe, Wolfe und Fuchse mit dem Hunde, u. a. m. sind bekannt. Ebenso der Entriche mit Truthühnern, was ebenfalls merkwürdig genug ist.

Indessen will ich mein Gewissen auf das feierlichste verwahrt haben, diese meine leicht hingeworfene Meinung für etwas anders, als blosse Frage an die Obermeister unserer Wissenschaft gelten zu lassen. Mögen diese über eine so äusserst kitzliche Materie entscheiden. Aber dem Arzte und Naturforscher muss es gestattet sein, seine Ansichten frei auszusprechen. Eine merkwürdige Erscheinung bleibt das fragliche Huhn aber doch immer.

Fig: 6.

Fig: 7.

www.ingramcontent.com/pod-product-compliance
Lightning Source LLC
La Vergne TN
LVHW092104300926
849161LV00002B/31
* 9 7 8 3 1 1 2 6 8 2 5 1 7 *